I0504322

POCKET

L'EVOLUTION

THINGS YOU SHOULD KNOW

(QUESTIONS ET REPONSES)

Rumi Michael Leigh

Introduction

Je tiens à vous remercier et à vous féliciter pour l'achat de ce livre, "Pocket Évolution, things you should know (questions et réponses)".

Ce livre vous donnera une bonne connaissance générale de l'essentiel de l'évolution.

Merci encore d'avoir acheté ce livre, j'espère que vous l'apprécierez !

Chapitre 1 : Questions

1. Définissez l'évolution.
2. Nommer un facteur qui prouve l'évolution.
3. Expliquez l'évolutionnisme.
4. Qui a trouvé le concept de l'évolutionnisme ?
5. Qu'est-ce que l'adaptation ?
6. Qu'est-ce que le rayonnement adaptatif ?
7. Quelles sont les espèces ?
8. Qu'est-ce que la coévolution ?
9. Qu'est-ce que la variation ?
10. Qu'est-ce que la morphologie ?

Chapitre 1 : Réponses

1. L'évolution est la modification progressive de la composition génétique d'une population.
2. La présence de fossiles.
3. C'est le concept selon lequel les espèces se dérivent progressivement les unes des autres par la sélection naturelle.
4. Charles Darwin.
5. L'adaptation est la modification des structures favorables à la survie d'un organisme.
6. Le rayonnement adaptatif est l'immergence rapide de nombreuses espèces d'un ancêtre commun.
7. Ce sont des organismes similaires qui peuvent se reproduire ensemble et avoir des descendants qui peuvent également se reproduire.
8. La coévolution consiste de changements réciproques et l'évolution entre deux espèces.
9. C'est la différence d'ADN.
10. C'est la forme et la structure des organismes vivants.

Chapitre 2 : Questions

1. Combien d'espèces ont été identifiées ?
2. La moitié des espèces identifiées sont ?
3. Qu'est-ce que la taxonomie ou la systématique ?
4. Pourquoi l'ancienne classification des espèces est-elle fausse ?
5. Quelle est la principale différence entre les eucaryotes et les procaryotes ?
6. Selon la biochimie, la biologie moléculaire et la microbiologie, quels sont les ancêtres de tous les êtres vivants ?
7. Quels sont les fossiles les plus anciens connus ?
8. Quel est le grand succès des procaryotes ?
9. Qu'est-ce que l'uniformitarisme ?

Chapitre 2 : Réponses

1. Plus de 1,5 million.
2. Les insectes.
3. La taxonomie ou la systématique est la classification des espèces.
4. C'est faux parce qu'il suppose que certaines espèces sont plus importantes que d'autres. Et normalement, il n'y a pas d'ordre d'importance. Chaque espèce a des fonctions différentes et est aussi importante.
5. Les eucaryotes ont un vrai noyau mais les procaryotes n'ont pas de vrai noyau.
6. Les procaryotes.
7. Les procaryotes.
8. Ils peuvent se reproduire rapidement dans un environnement favorable.
9. C'est un concept que la surface de la terre a été progressivement façonnée par des forces telles que l'érosion, etc.

Chapitre 3 : Questions

1. Qu'est-ce que la sélection naturelle ?
2. Nommer 2 conditions qui favorisent la sélection naturelle.
3. Quels sont les 3 types de sélection naturelle ?
4. Qu'est-ce que la sélection perturbatrice ?
5. Qu'est-ce que la sélection stabilisatrice ?
6. Qu'est-ce que la sélection directionnelle ?
7. Qu'est-ce que la sélection artificielle ?
8. Où sont utilisées les sélections artificielles ?
9. Qu'est-ce que l'émigration ?
10. Qu'est-ce que l'immigration ?

Chapitre 3 : Réponses

1. Elle consiste en les traits qui rendent un organisme le mieux adapté à un environnement.
2. Une population qui subit la prédation. Une population où il n'y a pas assez de ressources.
3. La sélection perturbatrice, la sélection directionnelle et la sélection stabilisante.
4. C'est la sélection qui élimine les types intermédiaires, donc elle favorise les deux extrêmes.
5. C'est la sélection qui favorise les caractéristiques des types intermédiaires.
6. C'est la sélection qui favorise une direction extrême.
7. C'est l'élevage sélectif de plantes et d'animaux choisis par les humains.
8. Dans la domestication animale et l'agriculture.
9. C'est quand un organisme se déplace dans un autre emplacement.
10. C'est quand un organisme s'installe dans un nouvel emplacement.

Chapitre 4 : Questions

1. Expliquez le fixisme.
2. Expliquez le concept de l'héritage des caractères acquis.
3. Qui a trouvé le concept de l'héritage des caractères acquis ?
4. Quel exemple Lamarck a-t-il donné pour l'héritage des caractères acquis ?
5. Expliquez la génération spontanée.
6. Expliquez l'hérédité totalitaire.
7. Pourquoi le test de Stanley Miller était-il un demi-échec ?
8. Quelles étaient les substances de la vie dans le test de Stanley Miller ?
9. Expliquez le concept de SOMA-GERMIN.
10. Qui a trouvé le concept de SOMA-GERMIN ?
11. Qui a trouvé le concept en réponse à la génération spontanée que la vie provient toujours de la vie ?
12. Qui a trouvé l'hérédité particulière des gènes ?

Chapitre 4 : Réponses

1. C'est le concept que les espèces sont créées dès le commencement par Dieu.
2. C'est le concept que les caractères acquis peuvent être transmis d'une génération à l'autre.
3. Lamarck.
4. L'étirement de la girafe.
5. C'est le concept qui explique l'apparition spontanée de micro-organismes dans certains milieux nutritifs.
6. C'est le concept qui parle d'homunculus, où il n'y a pas beaucoup de participation féminine.
7. C'était un demi-échec parce qu'il n'y avait aucune apparence de vie dans les éprouvettes mais des substances de la vie.
8. Les acides aminés, les hydrates de carbone, les lipides, etc.
9. C'est le concept que seules les cellules germinales transmettent des traits héréditaires et que les traits acquis ne peuvent pas être transmis.
10. Weismann.
11. Louis Pasteur.

12. Mendel.

Chapitre 5 : Questions

1. Qu'est-ce qu'un minéral ?
2. Qu'est-ce qu'un rocher ?
3. Nommer les 3 types de roches.
4. Comment se forment les roches sédimentaires ?
5. Comment se forment les roches magmatiques ?
6. Comment se forment les roches métamorphiques?
7. Qu'est-ce que la stratigraphie ?
8. Qu'est-ce que la paléontologie ?
9. Qu'est-ce qu'un fossile ?
10. Qu'est-ce que la demi-vie ?

Chapitre 5 : Réponses

1. Un minéral est un solide cristallin homogène avec une formule chimique précise.
2. Une roche est un mélange de plusieurs minéraux.
3. Les roches sédimentaires, les roches magmatiques et les roches métamorphiques.
4. Elles sont formées par la solidification progressive des débris de roches arrachées par l'érosion.
5. Elles sont formées avec l'augmentation de la température avec la profondeur et les roches de très haute température qui forment des magmas.
6. Elles sont formées à la profondeur de la terre en raison des hautes températures et des hautes pressions qui montent à sa surface suite à des phénomènes géologiques.
7. C'est l'étude des roches stratifiées.
8. C'est l'étude scientifique des fossiles.
9. C'est un reste préhistorique des organismes vivants.
10. C'est le moment où une substance radioactive voit son activité réduite d'un facteur de deux.

Chapitre 6 : Questions

1. Expliquer la preuve paléontologique de l'évolution.
2. Qu'est-ce que la datation relative ?
3. Qu'est-ce que la datation absolue ?
4. Nommer la croûte des deux terres.

Chapitre 6 : Réponses

1. C'est lorsque les parties dures (les squelettes, les coquillages) des sédiments des organismes vivants se transforment petit à petit en roches.
2. C'est quand nous datons les rochers les uns par rapport aux autres.
3. C'est quand de nombreuses roches ignées se forment lorsque la lave refroidit contient des éléments radioactifs.
4. Croûte continentale et croûte océanique.

Chapitre 7 : Questions

1. Quelle est la plus petite unité biologique qui peut évoluer avec le temps ?
2. Qu'est-ce que l'anagenèse ?
3. Qu'est-ce que la cladogenèse ?
4. Définissez la phylogénie.
5. Qu'est-ce qu'un clade ?
6. Qu'est-ce que la biogéographie ?
7. Qu'est-ce que le gradualisme ?
8. Qu'est-ce que la diversité ?
9. Qu'est-ce que l'hérédité ?
10. Qu'est-ce que les allèles ?

Chapitre 7 : Réponses

1. La population.
2. C'est l'évolution d'une espèce sans la division de l'espèce.
3. C'est l'évolution d'une espèce avec la division de l'espèce.
4. C'est l'histoire du développement évolutif d'un organisme.
5. Il consiste des organismes qui partagent un ancêtre commun.
6. C'est l'étude de la répartition géographique des plantes et des animaux.
7. C'est un changement progressif qui se produit dans les espèces sur une longue période de temps.
8. C'est une variété dans une espèce.
9. C'est la transmission des traits d'une génération à l'autre.
10. Ce sont des variations de gènes spécifiques.

Chapitre 8 : Questions

1. Qu'est-ce qu'un trait ?
2. Quels sont les traits acquis ?
3. Donnez un exemple d'un trait acquis.
4. Quels sont les traits hérités ?
5. Donnez un exemple d'un trait hérité.
6. Qu'est-ce qu'une mutation ?
7. Qu'est-ce qu'un gène ?
8. Qu'est-ce que l'ADN ?
9. Qu'est-ce qu'une structure homologue ?
10. Qu'est-ce qu'une structure analogue ?

Chapitre 8 : Réponses

1. Un trait est un caractère hérité.
2. Ce sont des traits appris.
3. Apprendre à écrire.
4. Ce sont des traits avec lesquels nous sommes nés.
5. La couleur des yeux.
6. C'est un changement soudain dans la séquence d'ADN.
7. Un gène est un fragment d'ADN.
8. C'est ce qui contient l'information génétique des organismes vivants.
9. C'est une structure avec une organisation similaire mais une fonction différente.
10. C'est une structure dont l'organisation est différente mais sa fonction est similaire.

Chapitre 9 : Questions

1. Définissez la microévolution.
2. Définissez la macroévolution.
3. Donnez un exemple de microévolution.
4. Donnez un exemple de macroévolution.
5. Qu'est-ce que l'évolution convergente ?
6. Qu'est-ce que l'évolution divergente ?
7. Quelle est la cause de l'évolution convergente ?
8. Quelle est la cause de l'évolution divergente ?

Chapitre 9 : Réponses

1. C'est une évolution à grande échelle.
2. C'est une évolution à petite échelle.
3. Les changements dans la fréquence des allèles.
4. L'oiseau au reptile.
5. C'est lorsque les espèces non apparentées deviennent plus semblables.
6. C'est lorsque les espèces apparentées deviennent plus différentes les unes des autres.
7. Elle est dû au fait que les espèces non apparentées s'adaptent dans le même environnement.
8. Elle peut être dû à des variations de facteurs biotiques ou abiotiques.

Chapitre 10 : Questions

1. Qu'est-ce que la spéciation ?
2. Qu'est-ce que la spéciation allopatrique ?
3. Qu'est-ce que la spéciation sympatrique ?
4. Quelle est la zone d'hybridation ?
5. Quelles sont les conditions nécessaires à la spéciation ?
6. Qu'est-ce qui influence la variabilité génétique ?
7. Qu'est-ce que la dérive génétique ?
8. Qu'est-ce qui peut influencer la dérive génétique?
9. Qu'est-ce que l'effet fondateur ?
10. Qu'est-ce que l'effet d'étranglement ?

Chapitre 10 : Réponses

1. La spéciation est l'apparition de nouvelles espèces au cours de l'évolution.

2. C'est lorsque des populations identiques sont initialement séparées géographiquement. Ils accumulent des différences génétiques au fil du temps et deviennent deux espèces distinctes.

3. C'est la formation de nouvelles espèces sans isolement géographique.

4. C'est le lieu de contact de deux espèces.

5. La variabilité génétique, l'isolement reproductif et la sélection naturelle.

6. La reproduction sexuelle, les mutations, le flux de gènes, la dérive génétique et le transfert d'information génétique horizontale.

7. C'est le changement aléatoire de la fréquence des allèles dans une petite population.

8. L'effet fondateur et l'effet d'étranglement.

9. C'est quand un ou quelques individus migrent et fondent une nouvelle population isolée.

10. C'est la diminution de la population due à un changement soudain dans l'environnement tel

qu'une catastrophe naturelle ou une intervention humaine.

Chapitre 11 : Questions

1. Quelles sont les barrières qui favorisent l'isolement reproductif ?
2. Nommer les barrières prézygotiques.
3. Qu'est-ce que l'isolement géographique ?
4. Donner un exemple d'une barrière géographique.
5. Qu'est-ce que l'isolement écologique ?
6. Qu'est-ce que l'isolement comportemental ?
7. Qu'est-ce que l'isolement temporel ?
8. Qu'est-ce que l'isolation mécanique ?
9. Nommer les barrières postzygotiques.

Chapitre 11 : Réponses

1. Les barrières prézygotic et les barrières postzygotic.
2. La prévention de la fusion des gamètes, l'isolement écologique, l'isolement géographique, l'isolement comportemental, l'isolement temporel et l'isolement mécanique.
3. C'est quand les espèces vivent dans différentes zones.
4. Une rivière.
5. C'est quand les espèces vivent dans la même zone mais dans des habitats différents, de sorte qu'elles se croissent rarement.
6. Différentes espèces par leur affichage de la parade nuptiale.
7. C'est quand les espèces se reproduisent à différents moments de la journée ou à des saisons différentes.
8. C'est quand les différences structurelles entre les espèces empêchent l'accouplement.
9. La sélection naturelle, les hybrides non viables ou stériles.

Conclusion

Merci encore une fois pour l'achat de ce livre. J'espère qu'il vous a aidé à acquérir plus de connaissances en évolution.

Je vous remercie.

www.ingramcontent.com/pod-product-compliance
Lightning Source LLC
Chambersburg PA
CBHW030602220526
45463CB00007B/3152